古樹奇木

戊子年林若

陈 策　主编

廣東省出版集團
广东科技出版社
·广　州·

图书在版编目(CIP)数据

古树奇木／陈策主编．—广州：广东科技出版社，2008.11
ISBN 978-7-5359-4624-9

Ⅰ.古…　Ⅱ.陈…　Ⅲ.木本植物—世界—画册
Ⅳ.S717-64

中国版本图书馆CIP数据核字（2008）第085584号

古树奇木

责任编辑：GY7170.com
装帧设计：陈维德
责任校对：天雨
责任印制：LHZH
出版发行：广东科技出版社
（广州市环市东路水荫路11号　邮码：510075）
E-mail:gdkjzbb@21cn.com
http://www.gdstp.com.cn
经　　销：广东新华发行集团股份有限公司
印　　刷：广州培基印刷镭射分色有限公司
（广州市天河区棠东村广棠工业区广棠西路2号　邮码：516060）
规　　格：787mm × 1 092mm　1/16　印张8.25　字数210千
版　　次：2008年11月第1版
2008年11月第1次印刷
印　　数：1～2 000册
定　　价：98.00元

编委简介

陈策　园林高级工程师。河南农业大学本科毕业，后入读北京林业大学园林专业。曾任广州市林科所所长、国家林业部特聘研究员，长期在郑州市、北京市、惠州市、广州市的林业及园林部门从事技术工作。出版有《中国南方阔叶树林》、《南方优良乡土树种》、《龙门县南昆山植物名录》、《中国竹子分类》、《梅花》、《广州市园林花卉教材》、《华南优良园林树木图谱》、《玫瑰鉴赏与文化》、《世界国花与名花》和文学作品《情归何处》；收藏专著《北宋崇宁钱币图谱》、《电话磁卡鉴赏与收藏》等10多部著作。在国家专业刊物发表文章33篇，国外杂志发表论文2篇，获部、省、市科技先进奖共6次。现任广州国际湿地生态保护与建设联合会会长、首席专家。

联系电话：020-88141132　13538883555

侯碧清　1986年中南林业科技大学毕业。曾任湖南株洲市园林绿化局总工程师、长沙市园林科学研究所所长，现任广州华南环境资源研究院院长，教授级高级工程师、理学博士、硕士导师，出版专著7部、发表论文40多篇。

陈家耀　高级工程师。广东省林校毕业，后入北京林学院进修。从事绿化、园林、科研、设计、施工等工作50年。参与编著《中国油茶》、《中国山茶》、《广东森林》、《世界国花与名花》等，发表科研论文10篇。获省、市4项科研成果奖，中国林学劲松奖，广东省科技先进个人奖。

练旭文　广州市绿美景园林工程有限公司董事总经理。曾在中山大学MBA学习深造。长期从事花卉培育、种植和园林工程设计施工工作，参与编著《世界国花与名花》，对国外名花生产及在园林工程中的应用有较深的体会。

稀有古樹奇木集大观
引人如入神话夢幻般
天地造化景色無限美
萬物和谐共荣宇宙新

戊子年夏月 王宗春

原中共广东省委常委、省纪委书记、广东省林学会名誉理事长王宗春题词

欣闻"古树奇木"问世，我欣然挥笔题字祝贺

古树奇木，国粹活化石
绿色寿星，是自然瑰宝

华南农业大学林学院 李秉滔题 二〇〇八年

全国政协委员、哈佛大学教授、华南农业大学教授、博士生导师李秉滔题词

序　一

古树奇木是活的文物。调查、研究和妥善保护古树，不仅对探讨古气候、古地理、古植被及环境污染等历史状况提供了实物证据，而且为研究人类历史、社会变革提供了有力的佐证，是探索大自然奥秘的钥匙，是研究林业史的活资料。

古树奇木是林业资源中的瑰宝，是自然界的璀璨明珠。从历史文化角度看，古树奇木被称为"活文物"、"活化石"，有着丰富的政治、历史、人文和自然内涵，是一座城市、一个地方文明程度的标志；从经济角度看，许多古树奇木是森林和旅游的重要资源，对发展旅游经济具有重要的文化和经济价值；从植物生态角度看，古树奇木为珍贵树木、珍稀和濒危植物，在维护生物多样性、生态平衡和环境保护中有不可替代的作用。古树奇木是自然与社会历史中经过长期严酷磨炼、生存竞争而存世的"老寿星"，是自然历史演变过程中的"见证人"，是文明古国和民族精神的象征。保护一棵古树奇木，就是保存一部自然与社会发展史书，就是保存一件珍贵古老的历史文物，就是保护一座优良种源的基因库，也是保护一种人文和自然景观，保护人类赖以生存的环境，保护祖先留给我们子孙后代的宝贵财富。

当代，随着工业的迅速发展和科学技术的日益进步，全球性的四大问题（粮食、环境、人口、能源）越来越被关注。大量的森林被破坏，地球物种不断减少甚至灭绝，全球气候变暖，冰川融化、海平面升高、气候恶劣，人类生存受到严重的威胁。保护森林、保护自然、改善生态环境、保护生物种质资源、维护生物多样性的呼声越来越高，不少国家在致力开展有关生态、环保等的科学研究之外，还积极调查、研究，出版本国（地区）的古树志。

陈策高级工程师近年跑遍全国各地，到了多个国家，收集到丰富的古树奇木图片资料。《古树奇木》一书是他多年劳作的结晶，荟萃了中外林木之精华，是一部融科学性、知识性、史料性和趣味性于一体的有创意的图书。在此，我对本书的出版表示衷心的祝贺。

原北京林业大学校长、教授，中国工程院副院长、中国科学院院士

沈国舫

2008 年 7 月

序　二

我国地域广阔，历史悠久，森林资源极为丰富，在已发现的3万种种子植物中，木本植物约8 000余种，其中乔木树种约2 000余种，灌木树种约6 000余种，引种成功的国外优良树种100多种（中国树木志，1983）。在我国，开展古树研究，建立有中国特色的中国古树学，有着得天独厚的良好条件和多年研究积累的创新性理论基础。

古树经历沧桑，顽强地适应、繁衍到现代，生动地记录了大自然的变迁进程，揭示了植物种群兴衰的演变过程。古树是自然历史长期孕育的产物，是自然历史演变过程的“见证人”，也是十分宝贵的自然历史文化遗产。有计划地进一步开展古树研究，对探索自然地理环境的变迁、植物区系的发生和发展规律，以及监测人类活动对自然环境的影响，均有十分重要的理论价值和实际应用意义。

陈策先生毕业于河南农业大学林业专业和北京林业大学园林专业。毕业后，一直从事林业和园林技术工作。专业基础理论扎实，实践经验丰富，科学研究能力较强。他勇于实践，勤于思考，善于总结。经常深入全国各地和多个国家实地进行调查研究，把调查收集的第一手材料和图片，经过科学分析、精心整理，编写出版多部专著。

《古树奇木》是陈策先生的新作，是对林业、园林科学事业的又一重要贡献。该书特点鲜明，把古树和自然景观、人文景观很好结合，构建一幅幅迷人画面：古树奇洞，树屋、树庙、树桥、树门，连体同生树，树包佛塔，黄山迎客松，北京孔庙古柏等，千姿百态、光彩照人，堪称一绝。该书内容丰富，结构新颖，图文并茂，可读性强。对林业、园林教学、科研、生产均有参考价值。

值此《古树奇木》出版之际，写上几句，以示祝贺。

著名林学家、原河南农业大学校长、教授

蒋建平

2008年5月于河南农业大

序　三

古树奇木以其雄伟、壮丽、古老、奇特向我们展示了自然界的丰富多彩、神奇奥秘。古树奇木是一种历史，它记载着自然生态系统的进化、演替和人类文明的发展，同时又隐含着自然界许多待揭开的生态之谜；古树奇木又是生态文化的积淀，书中展示的中华古树，如陕西黄陵的古柏，传说最古老的为黄帝轩辕氏所植，“七人合抱有余”有“世界群柏之父”的美称，气势雄伟，宛如巨龙腾飞，象征着中华民族的崛起；山东孔子故里的古银杏，枝叶繁茂、生机盎然，更是炎黄子孙的象征。还有世界活化石之称的水杉、银杉等树种，都积淀着五千多年中华悠久历史文化。

凡名山大川、名胜古迹，必伴有古树奇木。这既是生态文化的彰显，又是人类文明历史的写真，是人文与自然景观的交相辉映。中国如此，外国也不例外。这是大自然和人类社会赋予我们一笔极其珍贵的财富。

值得称道的是，许多古树奇木除了观赏价值外，还有珍贵药材、能源、食品、芳香油、特殊建材等重大经济价值，有待开发利用。

陈策先生长期从事园林、园艺、花卉和生态保护工作，为此他不仅走遍了中国名山大川，而且足迹遍及世界五大洲。因此他能把这些历经地球气候变化、地质变迁而保留的珍稀、奇特、名贵的古树奇木拍摄下来供读者观赏。作为世界自然文化遗产和生态文明的标志，它们不仅让大家赏心悦目、领略自然界的伟大，更重要的是让人们从这些宝贵遗产中更多了解森林与人类的关系，旨在让人们从森林树木中更多了解森林与地球的关系，让人们珍惜赖以生存的森林，爱护环境、保护森林、保护地球。

“人类只有一个地球。”同样，人类只有那么有限的可以见证自然历史、生态文化的古稀树木。因此，在观赏赞叹之余，我们更要唤起大家珍惜、保护这些世界文化遗产。保护森林，就是保护地球；保护地球，就是保护人类。

在《古树奇木》付梓出版之际，为陈策先生又一力作表示衷心祝贺。

著名林学家、中南林业科技大学教授、博士生导师

徐国桢

2008 年端午

前　　言

森林是地球的绿色宝库，它是大自然赐给人类的瑰宝，而各种各样的奇树古木不仅是人类探索大自然奥秘的钥匙，也是记录了地球沧海桑田巨变的珍贵资料。例如，现存非洲的一株有6 000多年树龄的猴面包树，树干胸围达47m，树中开设的酒巴可坐数十人品酒聊天。在树洞中，仍保存着非洲喀拉哈里沙漠土著居民生活的痕迹，以及早期探险家留下的印记。在我国河南省嵩山的少林寺附近，有两株5 000多年树龄的古柏，据传是唐朝皇帝李世民册封的将军树；在陕西黄帝陵生长的千年古柏，在西藏自治区林芝的珍贵古树群落等等。在一亿多年前遍布地球的银杏、桫椤、水杉和银杉，由于第四纪冰川浩劫，现在世界绝大多数地方已绝迹，但它们却在我国存活了下来，这些经历了地球气候的变化，饱经风霜而幸存下来的古树，记录了近万年地球植被物种演替的信息，对我们研究当今世界植物区系的发展和研究古生物、古气候、古地理、古地质等都具有重要意义。

在柬埔寨的吴哥窟，有面积达万亩的千年古树林，林中有数以百计的千姿百态的古树，是名副其实的古树王国。在越南胡志明市的大街小巷，参天大树随处可见；在印度首都新德里市，遍布各区的自然生态林，这都是在千万人口的大城市中难得一见的林业奇观。

现在地球上大量的森林植被被人类肆意地开发而遭受破坏，地球上的物种正在不断地减少，全球气候变暖而使冰川融化和海平面逐渐升高，极端恶劣气候的不断出现和影响，使人类生存的环境受到了严重威胁。我们编撰本书的宗旨是让广大读者从认识和欣赏古树奇木中更多地认识森林，让大家一起来珍惜和热爱森林、保护森林、保护人类赖以生存的生态环境。

笔者早年先后在河南农业大学和北京林业大学园林班学习，其后一直从事园林和林业工作，曾参与了国家林业部(现国家林业局)和中国科学院组织的国家森林考察队，随我国著名植物学家刘玉壶研究员进行全国调查，并先后到了云南西双版纳、福建武夷山、海南尖峰岭、广西十万大山、湖北神农架、四川大凉山、东北长白山，以及西藏和新疆等地考察。近年还前往南非、澳大利亚、美国、印度、印度尼西亚、马来西亚、越南、柬埔寨、缅甸、菲律宾、南非、巴西等多个国家和地区，搜集了大量的资料和拍摄了大量的珍贵照片，在整合了我国林业界同仁提供的图片和资料的基础上，经过不懈的努力编撰成本书。在本书的图片中，有部分尚无法与原作者取得联系，借此向他们致以衷心的感谢!

编著者

目　录

六、名人手植树 …… 75

七、古藤 …… 81

八、树木奇景 …… 83

一、古树奇洞

1. 树洞开酒吧

世界最大的树

6 000年空心古树改造成的酒吧（树干周长达47m）。

猴面包树

地理位置：南非林波波省桑兰农场

这是棵具有6 000年历史的空心古树。树的女主人希瑟说："通过碳定年检测发现，这棵古树竟然具有6 000年的树龄，这棵树可能比埃及金字塔还要古老，它可能是世界上寿命最长的生物。"这棵空心巨树高达22m，树干周长47m，需要30个成年男子手拉手才能绕树干一圈。

2. 可坐 20 人的树洞

静乐古榆树

地理位置：山西省静乐县杜家村

树高21.5m，胸径2.68m，冠幅25m × 30m。树冠覆盖面积约594m²，树龄400多年，树洞中可坐20多人。

3. 可容 5 人的树洞

腾冲古秃杉

地理位置：云南省腾冲县小西乡

树龄1 100年，胸径2.72m，主干下部腐朽成洞，洞内可容5人。

4. 澄海程洋岗村千年古榕

地理位置：广东省澄海程洋岗村

程洋岗村中最宜人的莫过于那一株株树龄已成百上千年的古榕。古榕散落于村前村后，古榕树干粗大，往往要三五个成人才能合抱。据村人介绍，前人建屋，均要在屋前栽植一两株榕树，一来挡风，二来遮阳，久而久之，就成了今日的规模。

5. 可通行汽车的隧道树洞

美国加利福尼亚州红杉国家公园有一株2 200多年树龄的红杉树，树高约70m，树干基部空心形成隧道，可通行汽车。

6. 可在树中做运动的树洞

300年樟树

地理位置：福建省龙岩市儿童公园

胸径3.2m，树干中央腐朽形成可容20人的洞。

7. 可存放汽车的树洞

古田古樟

地理位置：福建省古田县风都镇桃源村

这株古樟基部呈弧形拱门状，宽3m、高2m，犹如一座城门。它生长在村口的路中央，是村里人畜、机动车辆进出的必经之门。

8. 可圈养水牛的树洞

龙山枫杨树

地理位置：湖南省龙山县石牌乡

树龄1 000多年，树高24m，胸径3m，主干空腐仅剩一层皮壳，干基形成一个高3m、宽2m、深2.5m的树洞，可在洞内圈牛。

9. 开口的树洞

古槐树

地理位置：河南省沧州

树高21m，胸径2.1m，树干中空，树洞敞开大口。

10. 树干被雷劈打成空洞仍顽强生长的树

永仁红椿古树

地理位置：云南省永仁县莲池乡

树龄约500年，高24m，胸径3.4m。

11. 被雷劈打半边、树干成空洞仍顽强存活的树

丽江柽柳古树

地理位置：云南省丽江县白沙村

树龄500年，树高8m，树干基部埋于地底下。地上分两枝，其中一枝胸径1m。枝姿苍劲，表现出顽强的生长气势。

12. 和尚住过的树洞

宾川空心高山栲古树

地理位置：云南省宾川县鸡足山

树龄700年，树高18m，胸径3.8m，树洞高4.5m，深宽各3m。洞内有一石床，曾有僧人洞居10余年。

13. 可站立多人的树洞

宁强枫杨古树

地理位置：陕西省宁强县水田坪村

树龄500年，树高47m，胸径2.7m。在树高4.5m处，有一个2m长的洞口，树基下部全部空朽，洞中可站立10人，村民常在树洞内设桌玩牌娱乐。

14. 两树相通的树洞

宣州青檀古树

地理位置：安徽省宣州市

树龄1 200余年，树胸径3.1m，树高20m。青檀是制造宣纸的主要原料。

15. 人可以通过的古树

徽州古银杏

地理位置：安徽省黄山市徽州区

树高20余m，胸径2.51m，树龄1 350年。

平阳奇榕

地理位置：浙江省平阳县宋桥镇

树龄300年，高16m，胸径1.27m，冠幅300m²，有3条支柱气根着地生长，形成3个大树洞。在主干离地2m分杈处生长着朴树(树龄100年)、雀梅藤(树龄50年)，大自然造化使“奇、古、怪、雄”集为一体。

16. 香炉形的树洞

承德香炉柳

地理位置：河北省承德避暑山庄

树龄250年。树干基部开洞呈拱形，极似香炉。

二、古树奇观

1. 树屋

屋形榕

地理位置：福建省福清市镜洋镇磨石村

榕树种子落在屋顶上发芽而长成，其侧根和气根在屋顶上盘根错节，形成一层厚厚的根基。同时树根又沿墙体下垂、延伸、扎入土中。树生根，根成干，整个树根紧紧缠抱着屋墙，茶亭小屋逐渐破烂，经过70多年的风风雨雨，形成如今的屋形榕奇观。榕屋高3m，树冠覆盖面积160m^2。

2. 树庙

惠东古榕

地理位置：广东省惠东县稔山镇

树龄150年，树高13m，胸径2.3m，冠幅462m^2。约150年前，一座小庙顶上长有一株小叶榕，随着榕树的生长，树根向下、延伸形成树根古庙。

3. 树桥

屏山榕根桥

地理位置：四川省屏山镇

树龄约300年的黄葛榕，胸径2.5m，高20m。树干基部长出一条侧根，伸向溪河对岸。天长日久，长成直径为1.5m、跨度4m的“树根桥”。

石头寨榕根桥

地理位置：贵州省安龙石头寨

3株树龄300多年的古榕，树根互相交织一起，形成13m的“树根桥”。

昌江树桥

地理位置：海南省昌江县

生长于河两岸的古榕，东岸树胸径1.6m，西岸树胸径1m，两树平伸的树干连起来，形成自然树桥。

树生桥

地理位置：广东省佛山市顺德区容桂街容里居委

由3棵榕树的气根跨河涌而形成的一座奇特小桥。它形成于明代隆庆至万历年间，是远近闻名的一道胜景。整座桥宽约2m、长6m。

水仙宫榕根桥

地理位置：广东省佛山市顺德区容桂水仙宫

200多年前，当地居民在溪河上建一座木桥，建桥工匠感到木桥使用时间有限，便在桥头种上2株小叶榕。树长大后，人们将榕根人工牵引，使之成为当今的树根桥板，另一条气根为扶栏。

坝平村树桥

地理位置：广西壮族自治区隆林县沙梨乡坝平村

树龄200年，树高13m，胸径1.3m。古榕生长在溪河中央的石头上，其树根向河的左右两岸延伸生长，形成一条长20m的树根桥。

4. 树门

平乐榕门

地理位置：广西壮族自治区平乐县榕津村

树门由3株巨古榕生成，一株高20m，胸径4.07m，几十条树枝向四面八方伸展，气根相互缠绕，着地而生，形成两个榕门，最大的门宽6.6m、高4m。

巴川榕门

地理位置：重庆市巴川镇

黄葛榕树高10m，胸径3.3m。此树古老奇特，气根下贯入地，形成一奇门。

仑山人字榕

地理位置：福建省福州市仑山区高湖村

小叶榕，树高23m，主干胸径2.5m。在距主干4m处，有一粗1.2m的支柱根，形成一个苍劲有力的“人”字。一条2m多宽的村道从下穿过。

洪雅树门

地理位置：四川省洪雅县踏水村

一株1 000多年的黄葛榕，由于树基部遭受洪水冲刷，古榕倒卧后在树冠着地处一侧枝萌发，再生新根，成为大树，而倒地的母树也渐长出气根，依树环绕着树干。横卧的树干不断生长，向上拱凸成拱桥。拱桥长10m、高4.5m，桥身直径1.5m，分不清它的“树冠”、“树头”。

甘南奇特古杨

地理位置：甘肃省甘南县

树高27m，胸径2.5m，树龄600多年。奇特的是在2.2m分杈处，有一侧枝扭曲伸向河中，入水处形似龙头，形象栩栩如生，实为稀世奇观。

5. 尖峰岭鹿榕

地理位置：海南省尖峰岭

枕果榕，树高40m，主干胸径1m。4条支柱如同鹿腿，有一小支柱根构成鹿尾，树冠处两大枝构成鹿角。

6. 象形树

地理位置：云南省江城县

高山榕古树，树龄500年，形似大象，支柱根如象鼻。

7. 母子榕

地理位置：海南省琼中县

巨型高山榕，胸径2.7m，树高16m，由多支柱根构成两代树木群，当地人称之母子榕。

8. 人字古榕

地理位置：福建省福州市杨桥路

古榕，胸径1.7m，树高23m，树龄250年。古榕一气根伸向7m宽的溪河对岸，并入土扎根，构成一个巨大的人字。

9. 连体同生树

地理位置：柬埔寨吴哥窟

500余年白颜树（榆科），胸径1.3m，树高25m。树上生长着榕树、朴树、酸豆树，这3种树在白颜树上共生一体。

10．百兽树

地理位置：甘肃省镇原县曙光乡

文冠果树，高10m，胸径2.15m，树龄600多年。主干粗大，通体呈疱状，酷似百兽图的浮雕。

11．狮头槐

地理位置：甘肃省交城县

高35m，胸径2.7m，树龄2 000多年。在树干上长着一个狮头状的树瘤。

12．佛塔包树(塔包树)

地理位置：云南省景谷县威远镇

菩提树，树根与佛塔融合，形成塔包树景观。

13. 树包佛塔(树包塔)

地理位置：云南省潞西县芒市

菩提树，生长在建于1748年的佛塔上，树根紧抱佛塔，枝叶茂盛，形成树包塔奇观。

14. 树上屋

地理位置：广东省英德市天门沟

在树林中建造的树上屋，可入住3~5人。屋内设卫生间，家具、电器齐全。

15. 左扭树(左旋柳)

地理位置：西藏自治区拉萨龙王潭

柳古树，树龄340余年，树干向左旋。树高10m，胸径1.4m。

16. 右扭树(右旋柳)

地理位置：西藏自治区日喀则

柳古树，树龄500多年，树干向右旋。树高7m，胸径0.6m。

17. 曲圈松

曲圈油松

地理位置：甘肃省迭部县腊子口林场

树高11m，冠幅$13m^2$，树龄50多年。树干从0.8m处开始弯曲，然后向下方转了一个圈又直立向上，犹如蛟龙奋力入地之状，线条十分流畅。

18. 蛟龙戏水枫杨

秀水枫杨桥

地理位置：广西壮族自治区富川县秀水村

枫杨树干19.5m，胸径1.9m。树龄为70年。古枫杨自然形成两大弯曲呈S形，最大拱跨度为4.5m，横跨宽7.5m小河，中间弯部浸入水中，露出水面0.5m，支撑着“树桥”的平衡，“树桥”形态似蛟龙戏水。

19. 蛇松

龙门蛇松

地理位置：广东省龙门县南昆山

树高18m，胸径0.7m，树龄150年，树干茎部弯曲似蛇。

20．蜗牛松

清西陵蜗牛松

地理位置：河北省易县清西陵内

有2万多株树龄达百年以上的古油松，其中蜗牛松形态奇异。

21．奇根桧柏

地理位置：河北省曲阳县产德乡

有一株千年桧柏，它的树根层层叠叠，弯弯曲曲，有的相连，有的悬空，颇似人工雕琢，妙趣天成。

22．九龙松

丰宁九龙油松

地理位置：河北省丰宁县五道营乡

树高8m，胸径1.1m。树冠26m × 24m，树龄700年。树干上生有9条枝干，横斜，弯曲生长，势如蛟龙。

23. 遂川古柏

地理位置：江西省遂川县万寿宫

古柏奇特，树龄200年，树高11m，胸径0.75m。古柏极像一条龙。

24. 卧杨树

地理位置：河北省平泉县

400年生小叶杨。树无主干，几大主枝弯弯曲曲，状似蟠龙。

25. 龙凤古柏

普陀龙凤古柏

地理位置：浙江省普陀山

一株树龄400年的古圆柏，树高4.5m，离地0.3m处分为两干，干径分别为0.3m与0.25m，两干同时以两个倒竖的W形弯曲而上，它不仅主干弯曲，连那枝丫都跟着变得离奇罕见，弯得自然优美，风格独特，极像如龙似凤的盆景。

26. 故宫连理柏

地理位置：北京故宫

连理圆柏。游人可在树下穿行，是人工栽培和天然造化结合而成。

27. 双亲育子

双亲育子树

地理位置：辽宁省桓仁县

3株奇树异木相连。朝鲜鱼鳞松与臭冷杉紧靠在一起，在其一旁还有1株小臭冷杉紧贴着两树直立向上，像一对恩爱老夫妻哺育着爱子。3株树干紧靠在一起，并立生长形成一个树冠。

28. 人字柏

地理位置：北京中南海

人字柏是两株并生柏树，长到一定高度后，两株树的树干连在一起生长形成连理柏。树龄200年。

29. 奇门柏

地理位置：河南省安阳县珍珠泉

树高15m，树干下部成人字门。

31. 南京古柏

地理位置：南京东南大学校园内

千年圆柏，树龄有1 000多年。树高10m，胸径1.4m，现已秃顶枝垂，老态龙钟，树干已中空。

30. 鸳鸯树

红男绿女鸳鸯树

地理位置：福建省万木林保护区内

生长着红树皮木姜子树和绿树皮山杜英，两树在离地面0.5m处亲密地依偎在一起，然后分开，到4m高处又紧贴在一起。两树树龄约50多年。

32. 东南榕

地理位置：云南省盐津井镇东南

古榕树龄约300年，树高17m，胸径1.85m。树皮有带状爆裂现象，纹似蛇皮，故称“黄龙缠腰”。

33．母子柏

地理位置：山西省晋城市青莲寺

两株柏树，大古柏树高25m，胸径0.8m；小柏树高18m，胸径0.21m，并依偎着大古柏扶摇直上，像一对母子相依，甚为壮观。

34．龙角柏

黄帝陵古柏

地理位置：陕西省黄陵县黄帝陵

占地3 000多亩，有古柏8万多株，其中千年古柏约2万多株，可称古柏树的“王国”。

35．故宫龙爪槐

地理位置：北京故宫

有一株用支柱托撑的龙爪槐，树高4.2m，干径0.98m，枝条伸延，冠幅达110m²，树龄300多年。

36. 怪古柏

地理位置：江苏省吴县光福镇司徒庙

古怪圆柏树龄有1 000多年，柏树身似螺，树干遭雷击被劈两半后着地再生，卧地三曲，有如虬龙，欲昂首腾空而去。

37. 古青檀

地理位置：北京昌平

古青檀树，裸露的盘根错节。

38. 卫矛抱古柏

地理位置：河南省嵩山

古柏高30m，胸径4.1m，树龄1 100年，卫矛缠绕古柏盘旋向上生长，难舍难分。两树树冠层叠，奇特诱人。

39. 母子樟

地理位置：浙江省天台县大横村

一大一小两株樟树，相距1m，大樟树树龄300余年，高21m，胸径1.56m，冠幅30m × 25m，小樟树高15m，胸径0.7m，两树顶梢连成一体，像一对母子相抱。

40. 北京孔庙古柏

地理位置：北京孔庙内

古柏树高16m，胸径1.81m，树龄约1 000年。

41. 连理栎

凤凰山连理栎树

地理位置：辽宁省凤城市凤凰山

栎树由根部直生两主干，胸径分别为0.3m和0.25m，在细株主干1.5m处分出一侧枝，直接在与粗主干2m处相交融合生长，连成一体。

42. 景宁古柏

地理位置：浙江省景宁县

古柏树高15m(斜生)，胸径1.45m，树龄1 000多年。

43. 连理松
上营红松连理相吻
地理位置：吉林省上营林业局

两株相距3m多的红松于干高4m处相连，两树合为一树冠，是东北林海一大奇观。

44. 八棱树
八棱银杏
地理位置：甘肃省康县

银杏树高32m，胸径2m，树龄约为1 700年，树干呈八棱形。

45. 吴哥棱形树
地理位置：柬埔寨吴哥市

酸豆（苏木科）。树高35m，胸径2.2m，树龄600余年，树干呈棱形。

46. 黄山迎客松
地理位置：安徽省黄山

三、奇树之最

1. 最高的树

世界最高的金钱松

地理位置：浙江省天目山古庙

树龄600多年，高50m，胸径1.1m，是目前发现的世界最高的金钱松。金钱松是仅在中国生长的特种树种，树叶在短枝上平展成圆形，形似金钱，秋天时呈金黄色。

望天树

地理位置：云南省西双版纳

龙脑香科。我国最高的树种。树高约60m。望天树是树木中的国宝，国家一级保护树种。

旗杆树

地理位置：柬埔寨吴哥古树林旁

棕榈树，高约70m，高出其他古树10m以上，像一根旗杆，直指蓝天，是吴哥窟一大奇景。

2．最轻的树

世界上最轻的轻木

木棉科。世界最轻的木材，也是世界上生长最快的树种之一，1m³轻木木材气干后，重量只有147kg，仅是1m³马尾松重量的1/4。轻木原产美洲热带雨林，我国海南省和云南省有引种。

3．最硬的树

从化格木

地理位置：广州从化神岗镇大坳村

苏木科。树龄约500年，高43m，胸径1.8m。木材十分坚硬，钉子也难打进。广西壮族自治区容县"真武阁"就是宋代用格木建造的，近千年不腐。

4．最重的树

重似钢铁的紫油木

地理位置：云南省金沙江

漆树科。紫油木是世界最重的木材之一，重达1 190kg/m³，入水即沉，相比松一类木重3倍。其面密度为1 320kg/cm²，而杉树面密度为128kg/cm²，紫油木面密度为杉木的10倍，即使知名度很高的硬木黄檀面密度也仅为1 098kg/cm²。云南富民县大营镇张家村有一株树龄480年的紫油木，高12m，胸径1.5m。

纸桦

地理位置：德国科隆

落叶乔木。生长旺盛，树冠圆头状，枝开展。树皮白色，具光泽，片状剥落。柔荑花序，花淡黄色，春季开放。叶卵形，具粗糙锯齿，秋季变为纯黄色。

5. 白色的树

白糙皮桦

地理位置：法国巴黎市

落叶乔木。树形优美，枝开展，树皮亮白色。叶卵形，具锯齿，中绿色，秋季变为亮黄色。

6. 红色的树

红端木

山茱萸科，落叶灌木。高可达3m，枝血红色，单叶对生。5~6月开花，黄白色。果白色。产于我国东北和内蒙古地区，华北、西北等地有分布。耐寒。红端木夏叶青翠，秋叶红艳，冬雪红枝，是观形、观色的植物。播种或扦插繁殖。

7. 金色的树

金叶国槐

蝶形花科，落叶乔木。中国林业科学院黄钦才教授培育的新品种。春季萌芽时及以后长出的新叶均为金黄色。枝条斜向生长或下垂，萌芽力强，分枝多。嫁接繁殖。

8. 寿命最长的树

华夏第一柏（二将军）

地理位置：河南省登封市嵩阳书院内

树高20m，胸径4.19m，树龄5 000年。

9. 树干最光滑的树

紫薇

千屈菜科。落叶小乔木，高达7m。花期6~9月；果10~11月成熟。分布于亚洲南部及澳大利亚北部。我国华东、华中、华南及西南地区均有分布，各地普遍栽培。喜光，稍耐阴，喜温暖气候，耐旱，怕涝。萌蘖性强，生长慢，寿命长。树姿优美，树干光滑洁净，花色艳丽，有淡红、桃红至鲜红，以紫色最多，花期长，有“百日红”之称。是观花、观干、观根良材。

10. 生长最快的树

速生奇迹树——团花

茜草科。世界生长最快的树种，7年生高可达22m，胸径45cm。

11. 世界极少的树

华盖木

木兰科一新属、新种。全世界仅在云南找到7株百年大树，是稀世之宝，国家一级保护植物。现存最大一株树龄200年，树高46m。

12. 果最香的树

香果树

地理位置：安徽省舒城县万佛山

茜草科。树龄250多年，树高23m，胸径1m。花和果很香。果粉红色，果熟不脱落，观赏价值高。

13. 木材黑色的树

黑黄檀

地理位置：云南省西双版纳的热带森林里

蝶形花科黄檀属的黑黄檀，又称版纳黑檀，为国家二级重点保护植物。一种极其坚硬的树木，它的树枝黑色，心材黑中带红，花纹如絮似云，硬如牛角，当地居民称它为牛角木。因其坚硬耐用，多年来被用于制作弩机、刀把、枪托、各种工具柄及手工艺品，视为木中珍品。

14. 果最大的树

菠萝蜜(树菠萝)

地理位置：越南胡志明市湄公河边

桑科。常绿乔木，高达10~15m。有时具板状根，小枝有环状托叶痕。叶椭圆形至倒卵形，长7~15cm，全缘(幼树之叶有时3裂)，两面无毛，背面粗糙，厚革质。雄花序顶生或腋生，圆柱形；雌花序椭球形，生于树干或大枝上。聚花果大型，通常重约10kg，最大有60~80kg，成熟时黄色，外皮呈六角形瘤状突起。花期2~3月；果7~10月成熟。原产于印度和马来西亚，现广植于热带地区。

15. 木材最香的树

檀香

檀香科。乔木，是珍贵香料树种。木材、根含芳香油，是著名香料、化妆用品和名贵药材原料。原产热带、亚热带地区，我国云南、华南地区引种栽培。

檀香是世界上唯一以千克计价的珍贵木材。100多年来，其国际市场价格都在大幅上涨。2004年为人民币340元/kg，2005年为人民币473元/kg。一株生长10年的檀香树重量可达80kg以上。如按现在市场价格计算，每株价值过数万元。

16. 活化石树
桫椤

桫椤科。主干乔木状，高1~4m，个别达8m。三回羽状复叶长达3m，呈伞状聚生于顶部。为恐龙时代的活化石植物，是我国重点保护珍稀植物。产于我国广东省和广西壮族自治区，在新西兰和我国台湾省也有分布。用孢子繁殖。

17. 花最美的树
禄寿花

玉蕊科。玉蕊属常绿乔木，叶长椭圆形，长12~15cm，螺旋状排列，丛生枝顶。花序线条状，长约1m多，红色、紫红色，似五彩缤纷的彩带，很美丽。

18. 花最珍贵的树
金花茶

山茶科。常绿小乔木，高达2~5m。花单生，金黄色，花期11月至翌年3月。产于我国广西壮族自治区，越南北部有分布。稀有和名贵花木，有“茶族皇后”之美誉，观赏价值高。1956年被植物学家发现后，列为国家重点保护的稀有植物。在我国栽培的几百种茶花品种中，其色不外是红、白、粉红、紫红等，唯独金花茶为金黄色。尤其独特的是其花瓣近似蜡质，花姿高雅，鲜润艳丽，是目前世界最名贵的花木。

19. 花最香的树

观光木

为纪念我国著名植物学家钟观光教授而命名。别名香花木，木兰科，高达10~20m；常绿乔木。花美丽芳香，故有“香花木”之称。距观光木100m外也能闻到其花香。

20. 果实闪光的树

绒毛皂荚

珍稀树种。其果实密生金色绒毛，在阳光的照耀下闪闪发光，十分美丽。1954年在湖南衡山发现此树种时，全国仅有5株，到20世纪70年代有3株相继死去，仅剩下2株。如今经过我国林业科技工作者的不懈努力，已培育出新的后代。现存2株古树，大的胸径为0.8m，小的胸径为0.4m，树龄约300年。两古树主干空心，处于濒危状态，被列为国家特级保护。

21. 树干闪光的树

银树

地理位置：越南胡志明市总统府树木园

树高30m，胸径0.8m，在阳光照射下，树干银光闪闪，颇为壮观。

22. 花发光的树

棋盘树

地理位置：太平洋天宁岛

玉蕊科，常绿乔木。叶片阔大，常丛集枝端，深绿而光滑。夏季开大型花，花瓣4片，雄蕊达400余枚，花径10cm，夜开日谢，晚开花闪闪发光。果实底部方形，形如棋盘而得名。因其果形又似肉粽，故又常称肉粽树。果熟不易腐烂，具理想装饰效果。是观叶、观花、观果花木。分布热带海岸。播种繁殖。

23. 最毒的树

见血封喉

地理位置：广西壮族自治区博白林场

树龄300多年，树高23m，胸径1.3m。我国有毒植物1 300多种，最毒的是见血封喉。树皮、枝条、乳汁、种子含有极毒的强心甙，其汁液由伤口进入人体后，立即致人死亡。

海南见血封喉

地理位置：海南省华南热带农业大学内

树高23m，胸径0.7m，树龄60年。

24. 做染料的树

胭脂树(红木)

红木科，常绿小乔木，花白色至淡红色，成顶生圆锥花序。蒴果有软刺，扁卵形或扁球形，长2.5～4cm，绿色或红紫色；种皮肉质，红色。花期10月至翌年1月；果熟期5月。

原产热带美洲。种子的肉质外种皮含红色染料，广泛用于食品、化妆品、织物等的染色剂。园林绿化树种。扦插繁殖。

25. 流“血”的树

猪血木

地理位置：广东省阳春市

木材红色、乳液似猪血。树高18m，胸径1m，树龄400年。猪血木数量极少，是茶科单种属植物，国家一级保护植物。

26. 可作肥皂的树

肥皂树

地理位置：陕西省临潼

肥皂树又称肥皂荚。落叶乔木，产于我国陕西省南部。肥皂树的果荚含有丰富的胰角质，去污除垢力强 可用于洗衣服或作清洁剂用。陕西临潼有一株肥皂树，树龄450年，树高15m，胸径1.5m。

27. 千年不朽的树

木花生

地理位置：海南省尖峰岭

山榄科。树高40m，胸径1.6m，树龄1 000年。木材耐腐。海南神庙出土一块木花生材，1 100年不腐。

28. 世界最珍贵的树

银杉

松科。1亿多年前，由于冰川袭击，银杉几乎绝迹，只在极少国家发现过银杉的化石，现仅我国有少量活银杉。银杉是我国一级保护树种。其皮、果、叶含有珍贵药材成分，木材也很珍贵。外国植物园曾出天价购买一株银杉小苗。

29. 没有叶子的光棍树

光棍树又称绿珊瑚。大戟科。小乔木，高达5～7m。茎绿色多分枝，肉质无刺，富乳汁，单叶互生，线形、全缘，小而早落，故常呈无叶状态。原产非洲，华南地区广泛种植，可作观赏。扦插繁殖。

30. 树皮千层的树

白千层(白树)

桃金娘科。常绿乔木，高达20m。树皮灰白色，厚而疏松，可层层薄片状剥落。原产澳大利亚，我国华南地区广为栽培。适应性强，能耐干旱和水湿。多作行道树。树叶可提取芳香油(即白树油)，供药用和作防腐剂。种子繁殖。

31. 树皮每年脱换的树

柠檬桉

桃金娘科。常绿大乔木，高达35m，胸径1.2m。树干通直，每年5~6月枝皮呈片状剥落一次，剥后干呈灰白色，光滑，很美观，被称之为“林中仙子”。

32. 具治癌特效的树

癌症克星——红豆杉

地理位置：云南省腾冲马站乡

树高38m、树龄600多年的雄株红豆杉。人们从红豆杉树皮中提取治疗多种癌症活性物质——紫杉醇，轰动了全世界。紫杉醇制剂——泰素在美国批准上市，对初期癌症(子宫癌、乳腺癌)治愈率可达96%，对后期患者达40%以上。粗榧和三尖杉的木材、叶和花、种子含有多种生物碱，对治疗白血病和淋巴瘤有一定的疗效。250kg木材可提取1g三尖杉酯碱。

33. 橡胶树

地理位置：海南省琼海县崇文乡合口湾

橡胶树又名巴西橡胶，原产于巴西亚马逊河流域的原始森林中。因为它流出的乳白色汁犹如眼泪，当地人称之为“流泪树”。自1876年英国人工培育成功算起，世界上人工种植橡胶也只有100多年历史。

34. 营养最丰富的树

辣木

辣木科，多年生常绿乔木。羽状复叶，小叶倒卵形。花白色，圆锥花序，有芳香荚果。原产印度北部、沙特阿拉伯、非洲及马达加斯加等国家和地区，我国近年引种。花和树形美观。全株含丰富营养成分：钙是牛奶的4倍，钾是香蕉的4倍，铁是菠菜的3倍，维生素C是柑橘的7倍。是目前欧美新兴观赏花木和神奇的营养保健植物。治糖尿病、高血压有特殊疗效。辣木是联合国国际救援组织向世界推荐种植树种。辣木种子含有香草醛等物质。服食后不久可感觉到满口甘甜，即使再喝白开水都是甜的。播种或扦插繁殖。

35. 可用作手术麻醉的树
曼陀罗

茄科。原产我国及亚洲热带地区，多年生灌木。花大并具淡淡芳香，形似喇叭，有如优雅的白褶裙。全年均能开花结果，但以春、夏盛开。蒴果球形带刺状突起，成熟时会裂开。结果枝是高级插花材料，造型优雅。生长力强，不需特殊料理，种子落地常能自行发芽生长。果像茄子。是优美的观赏植物。其花、叶、种子皆可入药。有镇咳作用，其花可作麻醉剂，三国时期华佗行外科手术前，均让病人服用其花制成的麻沸散。

36. 珍贵药材树
圣药——龙血树

是世界最长寿的树种，照片为非洲俄尔它岛一株8 000年龙血树。我国重要药材血竭的原料，早在1 500年前就用血竭治伤科和血液病。其价值甚高，称为圣药。

37．可提取高级芳香油的树

名贵树木——土沉香

瑞香科。名贵中药材，是止痛、化痰良药，又是提取芳香油良材。经济价值很高。果熟期蒴果宛如一群群幼鸟围在树上，非常有趣。

38．治白血病的树

西双版纳粗榧古树

地理位置：云南省西双版纳

树高30m，胸径1.4m，树龄250年。

39. 产油的树

麻风树

生长在美洲地区，16世纪被葡萄牙探险家带到欧洲。由此开始走向世界。过去被用作制蜡烛，其样子丑陋，果极毒。近年引起世界各国的重视，是一种有望“拯救地球”的能源树。

据英国《泰晤士报》报道，麻风树果实的含油量很丰富，最高可达40%。果实榨出的油可以用作柴油发动机汽车的燃料，剩余的残渣可用于发电。

麻风树对于干旱和虫灾有很强的抵抗力，能够在连续旱灾的情况下存活3年。鉴于麻风树几乎可以在热带或亚热带地区的任何地方生根发芽的特点，科学家建议在荒地种植。

一棵麻风树最长可以存活50年，种植后的第二年就可以产油。另外，麻风树在生长过程中可以吸收二氧化碳，榨出的油燃烧时也不会污染环境。

麻风树可作为理想生物燃料的发现给苦于寻找替代能源的人们带来了希望。目前，不少公司已经开始投资种植麻风树。

坐落在斯威士兰的第一家麻风树发电站预计能在3年内正式供电。印度和一些欧洲国家已经开始在非洲建立麻风树种植基地。

40. 油楠

苏木科。常绿乔木。油楠树含有丰富油质，植株砍伤后，油液涓涓不断流出，油色淡黄且澄清如水，可供点灯。产油量10~20kg/m^3，东南亚很多国家的居民用其取油点灯，是有很大发展前景的能源树木。

41．防火的树

黄洋界木荷树

地理位置：江西省井冈山黄洋界

树高10m，在离地0.67m处分两大枝，枝胸径分别为1.5m、1.7m。当年毛泽东、朱德常在此树下纳凉，1961年被国务院定为全国重点文物。

42．不怕火烧的树

枫香

又名枫树，金缕梅科，落叶大乔木。高可达30m，直径达2m，可分泌芳香树脂。花期3月，靠蜜蜂传播花粉。原产于我国秦岭及淮河以南，北至河南、江苏，南至海南，东至台湾，西至西藏、四川，广有分布。枫香是著名的红叶树种之一。其变色的原因是由于温度的降低使得叶片内的花青素、叶黄素等取代了叶绿素而显现出来，从而出现了鲜艳的红色。枫香夏日绿树葱茏，入秋红叶醉人。每逢秋天，枫香的叶子由绿变红，红胜于染，焕发出嫣红夺目的色彩，呈现出一派秋色胜春光的美景。

枫香是苗族先祖的象征和化身，是苗族崇拜的神树。枫香树的汁液带红色，苗族认为那是祖先的血，具有神力，于是用来描绘图腾的崇拜物，再经过染色、漂洗，制成祭祀服装和旗幡，后来又从祭祀用品普及到日用品，这就是民间传统的“枫香染”。枫香不怕火烧，火烧后春风吹又生。

43. 水浸不死的树

落羽杉

杉科。落叶乔木，原产地高达50m。树干基部常膨大，具膝状呼吸根；树皮赤褐色，裂成长条片。大枝近水平开展，侧生短枝排成两列。叶扁线形，互生，羽状排列，淡绿色，冬季与小枝俱落。球果圆球形，径约2.5cm，幼时紫色。

原产美国密西西比河两岸，多生于排水不良的沼泽地区。我国长江流域及其以南地区有栽培，生长良好。喜光，耐水湿，有一定耐寒能力；生长较快。树形美丽，秋叶变为红褐色，是南方平原、水边的优良绿化用材及观赏树种。栽培变种垂枝落羽杉小枝下垂；球果较大。播种繁殖。

水椰子

地理位置：越南湄公河

棕榈科。生长在水中，果肉可食。

红树

海水盐度通常可达30‰，海滩土壤的盐度可达8‰~25‰，普通树种，在不到海水咸度的1/10的水中种植都会死去，更何况浓度如此之高。红树为了能在恶劣的环境中生存，进化出了种种方式，有的通过体内制造一种比海水咸度更高的成分，以逼退体内盐分；有的则在被海水淹没时，完全封闭叶片枝干上的呼吸孔，躲避海水的伤害……而为了在海水日复一日的冲刷下扎根生长，红树要么长出发达的指状气根，成片地牢牢抓住浮土；要么在浅海地表盘曲虬结，相互扭结着盘结成一大片膝状根系森林；要么“肩并着肩、手牵着手”，在岸边形成一排排铜墙铁壁。

44. 在沙漠也能生长的树

胡杨

一种古老的树种，我国古代习称胡桐，由于叶形变异大，故又称异叶杨。据1935年在新疆库车县千佛洞、甘肃敦煌铁后沟发现的胡杨叶化石推断，距今有300万~600万年的历史。

胡杨能傲然屹立于干旱大漠之中，是因为胡杨具有发达的根系和一种特殊的树叶。胡杨既有明显的主根，又有庞大的侧根，这种独特的根系结构，使胡杨能够有效地抵御荒漠中大风的侵袭。胡杨一生中要长3种形状不同的叶子，这是它在沙漠中练就出的生存本领。无论是胡杨的小树幼苗，还是沧桑百年的老树，都在每年6~8月洪水季节一次喝足水，以维持整整一年的生计，以顽强的生命力期待着来年洪水季节的到来。胡杨是植物界的长寿树种。

维吾尔族民间用“活着不死一千年，死后不倒一千年，倒下不朽一千年”来赞美胡杨顽强的品格。胡杨是沙漠中的斗士，面对滚滚黄沙，用生命与黄沙搏斗。在沙漠中，胡杨即使被沙淹埋，只剩下树冠，依旧枝繁叶茂。

45. 树最高、花最美的英雄树

木棉

木棉科。落叶乔木，高达40m。枝条轮生呈水平伸展，树干上具粗短的圆锥状刺。掌状复叶，花大，红色，聚生近枝端。产于我国华南地区，印度、马来西亚及澳大利亚也有分布。喜光，耐旱，深根性，速生。树形高大雄伟，春天开大红花，是美丽的观赏树种，可作行道树或庭园风景树。广州市市花。

46. 耐高温的树

银剑树

地理位置：美国夏威夷哈莱阿卡拉火山口

银剑树能耐50~60℃高温，在干热的哈莱阿卡拉火山口最高可长到1.5m，每隔10~15年才会开一次花。

47. 绞杀树

榕树绞木棉

地理位置：广东省雷州市委大院

树高14m，胸径1.3m。远看是1株大树，近看则是3树互相缠抱，中央为木棉树，边缘为小叶榕和斜叶榕。2株榕树把木棉树下半部重重包围，而木棉树则以英雄气概顶天立地。

48. 花色一天几变的树

木芙蓉

锦葵科，落叶小乔木，高达2~5m。叶广卵形，掌状3~5裂，花大，径为8cm，花期8~10月，果期10~11月。原产于我国，黄河流域至华南均有栽培，尤以四川省成都一带为盛，故成都有“蓉城”之称。喜光，稍耐阴，花大而美丽，花期长。花色艳丽且可变化：早上白色，中午桃红，晚上深红，为优良木本花卉。喜生水边，宜植于池边、沟边和建筑周围。播种或扦插繁殖。

常见品种：重瓣木芙蓉（*Plcnus*），花重瓣，由黄色转红色；醉芙蓉（*Verslcolor*），花一日三变，白、淡黄、红。

49. 世界最长的树藤

在众多的藤本植物中，有一种叫省藤，印度尼西亚爪哇岛又称其为“白藤”的植物，它从藤基部到藤梢长可达300m以上，是世界上最长的植物。

50．大米树

米树

在热带地区低海拔山坡沟谷中，有一种植物叫董棕，能出产“大米”。

棕榈科鱼尾葵属的董棕，高18~20m，树干中部有时增粗呈瓶状，是棕榈科中的高个子。叶大型，集生于树干顶端，二回羽状复叶，长4~6m，羽片26~28对，叶鞘长2.5~3m。一生只开一次花，花序粗壮、圆锥状。花谢后，在叶间吊下一串绿色果序，结着一大团几百串的果实。成熟时果序下垂长达数米，果实红色，形如念珠，十分奇特。董棕有多种用途，经济价值甚高。树干内的髓心贮有大量淀粉(俗称董棕粉)，用刀刮后浸入水中，待淀粉沉淀后取出晒干，味似土豆。经加工可制成大米一样的颗粒以代替西米，故俗称其为“猎人树”、“西米树”。其木质坚硬耐腐，为上等矿柱材；砍倒树干后，树茎很快中空，可作水渡槽或蜂桶，是天然的“无缝钢管”。由于木材呈紫褐色，加工后成有名的“乌木筷子”和“乌木拐杖”。

51．会跳舞的树

舞树

蝶形花科，常绿灌木。夜间树叶摆动，回旋起舞。原产缅甸、越南和我国云南、广西。

52. 树叶像锯子的树

齿叶矛木

常绿乔木。树冠直立，叶长而窄，坚硬，具锯齿，暗铜绿色，被白色或灰色粉。分布于南美洲。

53. 龙爪树

龙爪柳

落叶乔木。生长快，树冠开展，枝奇特扭曲。叶窄，亮绿色，扭曲变形。分布于欧洲。

54.火焰树

毛背铁心木(新西兰圣诞树)

常绿乔木。树冠极开展，叶卵形，灰绿色，背面被白色毛。具花序，雄蕊深红色，引人注目。冬季开放。耐最低温度5℃。分布于新西兰。

55. 腊肠根树

红刺露兜树

露兜树科。高达5~20m。根的上部裸露，腊肠状的支柱根呈放射状自茎基斜插于土中。叶带形，革质，叶缘及主脉下面有红色的锐刺。原产于马达加斯加，现热带地区栽培广泛。

56. 储水树
旅人蕉

地处热带的非洲沙漠，非常干燥，旅人蕉不仅可为人们遮挡烈日强光，而且还是天然的饮水站。旅行者口渴时，只要在它的叶柄上划个小口，就好像拧开了水龙头一般，新鲜而清凉的水顿时流出，让旅行者开怀畅饮。这个水龙头无需特意关闭，就会自动拧上，一天之后，被划破的小口便会愈合，过一天又可为旅行者提供饮水了。因此，旅人蕉有“旅行家树”、“水树”、“沙漠甘泉”、“救命之树”等多种美誉。

旅人蕉的老家在马达加斯加岛，深受马达加斯加人民的喜爱，被定为国树。现在热带、亚热带园林引种，用于庭院绿化；北方地区均室内盆栽，用于装饰宾馆、饭店大厅或走廊，颇具热带风光。

57. 油树
油棕

利比里亚的国树。油棕形态像椰子，因此又叫“油椰子”。它的故乡是非洲西部的热带雨林，因此又被称为“非洲油棕”。其果皮和种仁中储藏着丰富的油脂，前者榨出的油叫棕油，后者榨出的油叫棕仁油。棕油和棕仁油都是优质食用油，可以精制成高级奶油、巧克力糖，也可代替可可脂、冰淇淋用油。在工业上，油棕是制造优质香皂的好原料。全球油棕的棕仁油的年产量已接近1 000万t。

58. 糖棕树

棕榈科。花序含有丰富的糖分，柬埔寨的居民过去的食用糖主要来自糖棕。一株10年生的糖棕，年产糖3kg。

59. 象脚树

辣木科，乔木。树干褐灰色，形状似象脚，俗称“象脚树”。树枝弯曲，羽状复叶、细小。原产非洲，近年我国华南地区引种栽培，生长良好。适宜光照好、肥沃的沙壤土。树形独特，是珍贵的观赏树种。

60. 猴面包树

在非洲干旱的草原上，生长着一种形状怪诞的“世界奇树”——猴面包树。远远望去，树似乎不是长在地上，而是插在一个大肚子的花瓶里，因此又称之为“瓶树”。塞内加尔有棵古老的猴面包树。其果实大如足球，甘甜多汁。当果实成熟时，猴子便成群结队上树摘果子吃，为此该树便得了“猴面包树”这个称呼。

猴面包树与生命同在，只要有猴面包树，在沙漠里旅行就不必担心。它肥胖的身躯内贮有大量的水，用小刀挖一个洞，就成了旅行者的甘泉。鲜嫩的树叶是当地人十分喜爱的蔬菜，种子和果肉也可食用。

61. 糖槭树

糖枫

又名糖槭，因产糖而著名。一株树龄15年的糖枫，一年产糖2.5kg左右，并可连续产糖50年以上，这样，一株糖枫树一生中能产糖约100kg。一户人家种上几棵糖枫树，一家人全年的用糖问题就解决了。

加拿大有“枫树之国”的美誉，其国人视美丽的枫叶为国宝，还把枫叶喻为友谊的象征。秋后赏枫在加拿大是热门活动。每到秋天，漫山遍野的枫叶宛如一堆堆燃烧的篝火，灿若朝霞，美不胜收。加拿大全国各地到处都有糖枫林，其枫糖产量位居世界首位，每年约产枫糖3.2万t，出口世界各地。

62. 金鸡纳树

“金鸡纳”是印第安语，意思是“战胜了疟疾”。金鸡纳的树皮内含有奎宁等多种生物碱，它们是疟疾的克星。在历史上，金鸡纳树演绎了许多神话般的故事。

1639年，当时统治秘鲁的西班牙总督的夫人患了疟疾，不论怎样祈祷，不论怎样医治，总是不见好转。眼看夫人就要命归西天，一个忠实的仆人对总督说，印第安土著居民常常把金鸡纳树皮当零食咀嚼，因此他们患这种怪病的人很少。总督连忙派人取来金鸡纳树皮，煎汁让夫人服用。想不到夫人喝了这种汤后，病很快被治愈，不久就恢复了健康。

17世纪末，清朝的康熙皇帝也得了疟疾。那些医术高明的御医使尽了各种办法也没有奏效。后来，几个西方来的传教士给康熙献上了金鸡纳。当时朝廷上下哪知道这种“洋药”，康熙更是提心吊胆，不敢轻易使用。但病情严重，一时也没有什么好办法，康熙只好让几个大臣试服，确认没有危险才开始服用。奇迹同样出现了，康熙皇帝的病治好了。为此，人们都说金鸡纳树是“圣树”。

63. 菩提古树

地理位置：印度尼西亚雅加达市

菩提古树三树树根连成一体。

64. 塔树

地理位置：印度新德里市

番荔枝科，常绿乔木。树高达40m，主干高耸挺直，树形塔状。原产印度，故称印度塔树。

65. 韶关城里的古树

长花厚壳，又称松杨木（学名：*Ehretia longiflora Champ*)，紫草科。厚壳属常绿大乔木，稀有，属国家三类保护树种。屹立在韶关古城北门（孙中山北伐誓师处）的这棵古树，径粗1.69m，树高21m，冠幅31m×25m，是自然生长的，树干穿了个大洞，此树长在闹市里，历数百年沧桑，见证了韶关从原始小镇走向现代化城市的历程。如今仍然生机勃勃，结果累累。

66. 南华寺的古水松

广东省韶关市南华寺，树龄600多年，高度43m，胸径1.2m。是我国最古老的水松之一。

四、奇花异果

1. 禾雀花

别名：白花油麻藤。蝶形花科。常绿大藤本，三出复叶互生，侧生小叶基部极不对称。花白色或绿白色；总状花序，长20~40cm。花瓣形状奇特，形似禾雀，旗瓣似胸颈，翼瓣似双翅，龙骨瓣是调皮而尖翘的小尾巴，成串的花犹如被捕捉成串的禾雀，巧夺天工，令人赞叹自然造化的神奇。每年2~4月大量开花，令人驻足观赏。荚果木质、条形，长30~40cm，也很美观，是特优观赏花木。播种或扦插繁殖。

2. 鸽子花

珙桐

别名：鸽子树。珙桐科，落叶乔木。高达10m，叶互生，纸质，宽卵形，边缘有粗齿，中绿色，长16cm。花由数朵雄花和1朵两性花组成，顶生头状花序，花序下有2枚白色大苞片，酷似白鸽展翅，故称鸽子树。主要分布于我国西南地区，是我国特有的极珍贵树种，国家一级保护植物。适合长江以南地区种植，播种或扦插繁殖。

3. 炮仗花

紫葳科，常绿藤本。小枝有6~8纵棱，复叶对生，小叶3枚，其中1枚常变成线形的卷须。花橙红色，花期春季，红花累累成串，似炮仗，是美丽的观赏花卉。插条繁殖。

4. 凤凰花

凤凰木

别名：红花楹。苏木科，落叶乔木。花期5~6月，果期10~12月。适应性强，耐干旱，不耐寒，抗大气污染。原产于马达加斯加和非洲热带地区，在我国华南地区广为栽培。因其叶如飞凰之羽、花若丹凤之冠而得名。每当盛花季节，红艳悦目，远望如烽火当空，故有“火树”之称。

凤凰木是重要的观花乔木，开花的时候，绿树红花，美极一时，十分壮观，是南国一大佳景，给人以富丽堂皇之感。

5. 叶上花

山茱萸科，落叶灌木。叶片互生，卵形，边缘有细锯齿。雌雄异株，花小、黄绿色，花簇生叶面主脉中部或近基部，花期春季。果实为黑色。原产中国、日本。喜凉爽、阴湿环境，不耐严寒，忌高温、干旱和烈日。播种或扦插繁殖。

6. 无忧花

无忧树

苏木科，常绿乔木。偶数羽状复叶，嫩叶初出时呈深紫色，因嫩叶柄柔软无法支撑叶片而呈下垂状，宛如僧人的雨湿袈裟，别具一格。伞房花序，橙黄色小花数十朵聚生成团，花期4~5月。

无忧树树形美观，枝繁叶茂，盛花时一簇簇橙黄色的小花覆盖整个树冠甚至老树茎，如锦似霞，在绿叶衬托下犹如团团火焰，灿烂夺目，故又称“火焰花”。其幼叶形如花穗成串，随风摇曳，无忧无虑，故名“无忧树”。

7. 火轮花

山龙眼科，常绿灌木。叶椭圆形、革质，叶柄短、叶贴枝直生。头状花序，鲜红色。原产南非。喜温暖、湿润、阳光充足环境，不耐寒。庭院种植优良花卉，也是插花主要花材。播种繁殖。

8. 灯笼花

复羽叶栾树

别名：国庆花。无患子科，半落叶乔木。高达20m，一回羽状复叶，6~9月开花(广州地区11月仍开花)，9~12月果熟。原产我国广东、广西、江西、湖南、贵州、云南等地。对土壤要求不高，较耐干燥瘠薄，深根性，萌芽性强。春季嫩叶带红色，夏季满树黄花，入秋叶色变黄，阵风过去，金片纷飞，故又称“金雨树”。花后幼果很快又染上红晕。因果似灯笼又称“灯笼树”。

9. 木百合花

异色木百合

山龙眼科，常绿灌木。叶片披针形，顶端和边缘紫色。头状花序，雄花紫红色至红色；雌花绿白色。花期春季至夏季。原产非洲南部，喜温暖、湿润环境。阳性植物，较耐干旱、不耐水湿和寒冷。播种或扦插繁殖。

10. 针垫花

山龙眼科，常绿灌木或小乔木。原产南非。叶无柄、簇生、全缘、革质。花大、单生、头状花序，花红色或黄色；花的雄蕊长，密生、红色，坚硬，形如群针环抱，甚为美观。花期春、夏季。喜温暖、湿润、凉爽环境，不耐寒。是园林优良花木，又是切花高级花材。

11. 多变花

山龙眼科，常绿灌木。树冠球状，叶卵形；头状花序，莲花状；径13~20cm，苞片花瓣状；粉红色至红色，具丝状毛，花期春夏两季。播种繁殖。

紫红樱花

12. 樱花

蔷薇科，灌木至小乔木。花大，重瓣，具香气，有粉红、紫红、宫粉等色。花期3~5月。

宫粉樱花

13. 梨竹花

梨竹

竹科。原产东南亚，1958年广州华南植物园引入种植，生长良好。梨竹50年周期开花，2006年春，广州华南植物园在1958年引种的梨竹开花、结果。

14. 佛塔花

佛塔树

山龙眼科，常绿小乔木。高达6m，叶椭圆形，叶缘有齿，花大，红色，聚合花序，形似佛塔。原产澳大利亚，喜高温、湿润、阳光充足环境，不耐寒，忌干旱。播种繁殖。

15. 菩提花

别名：帝王花。山龙眼科，常绿灌木。叶互生、革质，灰绿色，长8~14cm。花为头状花序，酒杯状，苞片深红、粉红或米色。原产非洲南部，近年在我国华南地区引种，生长良好。喜温暖、干燥和阳光充足环境，不耐寒，忌积水。菩提花枝叶繁茂，花朵大，色彩美丽，花形独特，观赏期长。播种或扦插繁殖。

16. 鱼木花

鱼木

白花菜科，落叶乔木。树高达15m，小枝灰色，三小叶复叶、互生。伞房花序，顶生，花径5~7cm，花白色或黄色，果近球形。原产我国广东、海南、广西和云南等地，东南亚各国也有分布。喜充分光照，喜湿暖气候。树形美丽，树冠浓荫茂密，花大靓丽，簇拥枝头，如千百蝴蝶飞舞。我国台湾地区渔民用木模作小鱼，引钓乌贼鱼，故名“鱼木”。鱼木是著名的园林观赏树种。播种繁殖。

17. 佛手果

佛手

别名：五指柑。芸香科，常绿灌木或小乔木。叶互生、圆形，先端凹缺，深绿色。花白色或紫色，花萼似杯，芳香。果实的心皮深裂如拳(称武佛手)或展开如手指(称文佛手)，黄色、有香气。原产我国东南地区。果形奇特，色香俱全，可盆栽观赏，果及花均可供药用。播种或嫁接繁殖。

18. 面包果

面包树

桑科，常绿乔木。高达30m，叶互生，卵状、长椭圆形，全缘或上部羽状掌裂，聚花果椭圆形，肥大肉质状，成熟后呈黄色，可烧烤食用，味如面包。原产马来西亚。播种繁殖。图为柬埔寨皇宫内种植的面包树。

19. 气球果

萝藦科，常绿灌木。高2m，叶线状披针形，长6~10cm，聚伞花序，花白色。果近球形，囊状中空，黄绿色，有软刺，似气球，直径4~5cm。花期夏季，果期秋季，原产非洲。奇异观赏树。播种插条繁殖。

20. 炮弹果

炮弹树

玉蕊科，落叶乔木。叶互生，长椭圆形至倒卵形，先端尖。夏季开花，树干上着生。总状花序，悬垂状，花瓣外为黄绿色，花张开后花瓣内为橙红色。果实球形，茶褐色，径达15~20cm，似古代炮弹。成年植株在树干和根部结有大量果实，甚为奇特，引人驻足观赏，为高级庭院树。原产于圭亚那。喜高温、高湿环境，耐旱。播种繁殖。

图为柬埔寨西哈努克皇宫内一株380年树龄的炮弹树，树高21m，胸径1.4m。

21. 叉叶果

紫葳科，常绿小乔木。树干灰褐色，分枝多，干枝有钝刺状突起物，复叶叉状，俗称“叉叶木”。花期4~5月，果熟期12月至翌年2月。花着生树干上部或大枝近树干部位。果长椭圆形，果大，重达1~2kg，果柄短，贴生树上，熟时淡黄色，光滑发亮。原产非洲热带地区。

图为泰国曼谷市树木公园里的叉叶果。

22. 吊瓜果

吊瓜树

紫葳科。分布于非洲热带地区，在我国广东、云南等省有栽培。吊瓜树为常绿乔木，株高10~15m，树干广圆形或馒头形，主干粗壮，树皮厚而光滑，灰褐色。枝条柔韧、半垂，绿色至灰白色。奇数羽状复叶，对生；总状花序生于侧枝茎干，下垂，长50~170cm，花期4~5月。果圆柱形，不开裂，长30~60cm，宽约10cm，重5~10kg，黄褐色，坚硬，果期9~11月。

吊瓜树树姿优美，夏季开花成串下垂，花大艳丽，特别是其悬挂之果形似吊瓜，经久不落，新奇有趣，蔚为壮观，是一种十分奇特有趣的高档新优绿化树木。可单植，也可列植或片植。喜光，耐旱、耐瘠薄粗生，对土壤要求不高，移植而成活，幼苗期注意防霜冻，大树较耐寒。播种育苗繁殖。

23. 菜豆果

海南菜豆树

紫葳科。常绿乔木，高10~20m。叶为二回羽状复叶，蒴果线形下垂，似菜豆，光滑无毛。花期4~9月。原产于我国广东、海南和云南西南部，现华南地区均有栽培。喜光，能耐半阴、瘠薄。树干通直，树姿优雅，叶色翠绿亮泽，花与果均有观赏价值，作行道树和园景树。播种繁殖。

24. 腊肠果

苏木科。原产于印度、缅甸、斯里兰卡，在我国云南、海南、广东、广西、福建、台湾等省区有引种。以其果实硕大、似腊肠悬挂而得名。

腊肠树为常绿大乔木，树高可达22m，奇数羽状复叶，其花形态特殊，花轴可长到80cm，花轴再一层层地分出一个个的花苞，其花苞朝上，但花朵却朝下。花冠淡黄色至金黄色，飘柔下垂。花期5月下旬至7月下旬，花多先叶而开。果实长圆条形，状如腊肠，不开裂，也不脱落，悬挂枝头。

图为菲律宾首都马尼拉市植物园内的腊肠树。

25. 吊笔果

倒吊

别名：神仙蜡烛，夹竹桃科。落叶乔木，高达20m，胸径60cm，树皮灰黄色，小枝圆筒形。叶对生，纸质，粗糙、卵形，长5~12cm，两面被柔毛。花序长5~8cm，花冠5裂，白色至粉红色，果圆柱状，长15~28cm，径1.5cm。种子带有白色种毛。花期春末夏初，果期秋季。树干通直，树冠圆锥形，树姿优美。初夏满树粉红色的花，秋冬形状似笔的果一个个倒吊，景观别具一格。为园林优良风景树种。原产我国海南，广东湛江，以及马来西亚、澳大利亚等国家和地区也有分布。播种或扦插繁殖。

26. 神秘果

在美丽的西双版纳罗梭江中的葫芦岛上，有一座由著名植物学家蔡希陶先生创办的热带植物园。园中有一种叫做“神秘果(*Synsepalum dulcificum*)”的灌木，高只有2~3m，原产西非热带地区，是蔡先生20世纪五六十年代引种的。之所以称为神秘果，就是因为此树长着一种椭圆形、长约2cm、果皮红色的小核果。果内有一颗大的种子和少量带甜味的果肉，当人们咀嚼了一点这种黏胶状的果肉后，接着再吃其他酸味水果(如酸柠檬、酸橙、酸梅等)，则这些酸水果不再是酸味，而感觉是甜的。

27. 猫尾果

猫尾木

紫葳科，常绿乔木，高达10m。一回羽状复叶，对生，花期10~11月，果熟期翌年3~5月。原产于我国华南，泰国、老挝和越南均有分布。喜光，稍耐阴，喜高温、湿润气候，要求深厚肥沃、排水良好的土壤。树性强健，生长迅速。树冠浓郁，花大而美丽，蒴果形态奇异，酷似巨型猫尾，故称“猫尾木”。在热带地区常栽培作园景树或行道树。播种繁殖。

28. 海红豆

提起红豆，人们会记起唐代大诗人王维的脍炙人口的五言绝句：“红豆生南国，春来发几枝，愿君多采撷，此物最相思。”诗里提到的红豆就是海红豆。

海红豆是委内瑞拉的国树，也是智利的国树。海红豆树冠广袤，羽叶娓娓展放，如孔雀开屏，适做庭院绿化和行道树种。海红豆的奇妙之处更在种子，其种子红而发亮，永不褪色，像一粒心形的红宝石，如你仔细观察会发现，它的红色是由边缘向内部逐渐加深的，最里面特别艳红的部分又呈心形，真是大心套小心，寓意“心心相印”。海红豆也被人们称作“相思豆”，历来被视为爱情、友谊的象征，是爱情和友谊的信物。

29. 咖啡果

原产非洲，1884年引入我国种植，是世界重要的饮料植物。

五、千年古树

1. 太湖古柏

地理位置：江苏省太湖

树高30m，胸径1.85m，树龄1 500年。

2. 确山圆柏

千年枯枝柏

地理位置：河南省确山县北泉寺

古圆柏高16m，胸径1.2m，为唐代种植的千年古柏，历遭雷击，枯枝盘生，但仍萌发新枝，表现出顽强的生命力。

3. 杜康古桑

地理位置：河南省汝阳县杜康村

树高6.8m，胸径0.9m，冠幅8m × 9m。树龄1 300年。

4. 涉县古槐

天下第一槐

地理位置：河北省涉县固新镇

树高29m，胸径5.9m，树龄2 000年。

5. 北京古银杏

帝王银杏树

地理位置：北京潭柘寺

树龄1 000多年，树高3.5m，胸径3m，冠幅400m²。清乾隆皇帝赐名为“帝王树”。

6. 大关酸枣

南酸枣古树

地理位置：云南省大关县悦乐乡沙坪村

南酸枣（雄株），树龄1 200年，高28m，胸径4.8m，是云南省最大、最古老的南酸枣树。

7. 庐山柳杉

庐山三宝树

地理位置：江西省庐山黄龙寺

寺内有3株参天古树，其中2株柳杉树，1株银杏树，树龄1 500多年。柳杉树胸径分别为2m、2.1m，树高40m，银杏树胸径2m，树高29m。

8. 澄江黄连古树

黄连古树

地理位置：云南省澄江县阳宗镇龙泉寺遗址

树龄1 200年。胸径2.66m，高33m。

9. 登封古杨

永泰寺毛白杨古树

地理位置：河南省登封市永泰寺内

距少林寺2km。树高38m，胸径1.51m，树龄1 400多年。

10．东阳罗汉松古树

地理位置：浙江省东阳市

树高10m，胸径1.66m，树龄1 100年。主干内部中空，树皮已成为银白色，树瘤突起。

11．宁陕县铁坚杉古树

地理位置：陕西省宁陕县黄金乡

树高32m，胸径1.8m，树龄1 000多年。

12．云龙铁杉古树

地理位置：云南省云龙县

树高33m，胸径3.93m，树龄1 100年。

13．梁山寺紫薇古树

地理位置：四川省剑门关国家森林公园梁山寺

树龄1 000多年，树高10.2m，胸径0.65m，从树高1.2m处分为7杈，其中5处相互交合，相互盘结，围成环形。

14．洛南古柏

地理位置：陕西省洛南县山河乡

树高23m，胸径2.46m，树龄3 000多年。

15．印江紫薇古树

地理位置：贵州省印江县永义乡

树龄2 300年，树高34m，胸径1.1m，树冠覆盖面积222m²。

16. 宁强银杏

连体银杏古树

地理位置：陕西省宁强县

树高39m，胸径2.3m，树龄1 000多年，在古树旁长出1株小银杏树，与母树紧紧相拥，成为与母体相连的连体树。

17. 介休古柏

地理位置：山西省介休市

树高15m，胸径3.95m，树龄2 400多年。

18. 中岳古柏

地理位置：河南省登封中岳庙

这里有千年古柏300株，其中汉柏40株，晋柏3株，南北朝柏24株，其余为唐宋时期所植。

19.惠州古樟

地理位置：广东省惠州市惠城区沥林镇定村

古樟树枝繁叶茂，树身要12名成年人才能合抱。

20. 美国加州鬃毛松

美国加利福尼亚州国家森林公园有一片全球最古老的鬃毛松树林，树龄达4 000多年。图中的鬃毛松树，大部分枝条虽已干枯，但仍能长出生机勃勃的新枝叶。

21.丽江古柏

玉龙雪山古圆柏

地理位置：云南省丽江县玉龙雪山

古柏树龄1 200年，胸径2m，是云南省最大、最古老的圆柏。

22.景宁古柳杉

地理位置：浙江省景宁县

树高28m，胸径3.6m，树龄1 500余年。

23.苍山古槐

地理位置：山东省苍山县大炉乡小古村

树高8m，胸径2.4m，主干心腐，基部腐朽成大洞，树龄2 000多年，树势古拙苍劲，酷似丹青妙手精心绘制的枯木逢春、奇特古雅的画卷。

24. 白水古槐

地理位置：陕西省白水县

树高15m，胸径3.85m，树龄2 000年。

25. 长葛古柏

地理位置：河南省长葛市

树龄2 000多年，树高18m，胸径1.7m，姿态奇特。

26. 白水古柏

宝莲灯柏

地理位置：陕西省白水县

树高10m，胸径2.3m，树龄2 000多年。树干中间有一块树瘤形似宝莲灯。

27. 昌都古柏

西藏唐柏

地理位置：西藏自治区昌都朱角寺

树高18m，胸径1.1m，树龄1 200年左右。

28. 三门峡古柏

地理位置：河南省三门峡市湖滨区

树高18m，胸径1.5m，树龄1 200年，冠幅10m×5m。

29. 林芝古柏

西藏柏树王

地理位置：西藏自治区林芝市

树高50m。胸径5.8m，树龄2 500年。

30. 九龙盘根柏

地理位置：河北省内丘县和庄乡

古侧柏树龄2 000年，胸径1.8m，姿态苍劲。

31. 柬埔寨古树

独角酸豆古树

地理位置：柬埔寨吴哥市

苏木科。为千年古树，树高35m，胸径1.5m。独角酸豆是世界珍稀树种，木材珍贵，我国仅在云南发现1株。

32. 漳平水松古树

地理位置：福建省漳平市

树高20.1m，胸径3.1m，树龄1 300余年。

33. 宁都古樟

地理位置：江西省宁都县赖村镇

树高36m，胸径5.45m，树龄1 000余年。

34. 台湾桧柏

地理位置：台湾省新竹市

树龄2 000余年。树高47m，胸径5.8m，是中国树干最大的柏树。

35. 庆云千年古枣树

地理位置：山东省庆云县

树高6m，胸径1.4m，树龄1 200年。

36. 文冠果千年古树

地理位置：河北省石家庄市

树高25m，胸径1.3m。

37. 鸡蛋花古树

地理位置：印度尼西亚巴厘岛海神庙

树高12m，树龄1 100年。

38. 千年荔枝古树

地理位置：印度尼西亚乌布皇宫

39. 文成竹柏古树

地理位置：浙江省文成县

树龄5 000年，树高16m，胸径1.3m，树干的5m高处，分枝叠生一株已50多年树龄的榕树，基径0.86m，其所生的众气生根紧抱竹柏主干，两树枝叶交错。

六、名人手植树

1. 轩辕黄帝手植柏

地理位置：陕西省黄陵县黄帝庙

轩辕黄帝种的侧柏，树龄5 000多年，胸径3.4m，冠幅178m²。

2. 孔子手植柏

地理位置：山东省曲阜市孔庙内

孔子亲手种植的圆柏。此树多次死而复生，由树旁复生萌枝继续生长，现存活古柏树龄270年，树高21m，胸径0.7m。

3. 洪秀全手植龙眼树

地理位置：广州花都新华镇洪秀全纪念馆旁

树高6.7m，冠幅11m × 12m。洪秀全13岁时(1826年)种植。

4．扁鹊手植银杏

地理位置：陕西省城固县老庄镇徐家河村

古代名医扁鹊种植的银杏，树高17m，胸径1.8m。树干2m高处有1个0.5m宽的树洞，洞内可坐人。扁鹊是春秋战国人，是我国古代最著名的民间医生。

5．许逊手植柏

地理位置：江西省南昌市万寿宫

为东晋太元年许逊种植的古柏。树高18m，胸径1.9m，树龄1 600多年。许逊为官清廉，发展生产，深得民心，年老辞官后隐居万寿宫，修身炼丹，他活了136岁，据传太上老君嘉许他生平的业绩和道德，把他一家42人都接上天成仙，连房屋及鸡犬也一齐飞去。“一人得道，鸡犬升天”的成语便源于此。

6．王羲之手植樟

地理位置：浙江省嵊州独秀山

图为书圣王羲之在公元355年种植樟树，树龄1 600多年，树高38m,胸径3.3m，树冠覆盖面积达192m^2，树干高4m处分5主枝，径粗1m以上。

7. 汉武帝手植柏

地理位置：山东省泰山脚下的岱庙

汉武帝刘彻登泰山时种的侧柏树。树高11.5m，胸径3.4m，树龄2 100多年。

8. 孙思邈手植柏

地理位置：陕西省耀县药王庙

唐初著名医学家孙思邈种植。树高13m，胸径1.4m，树龄1 300年。

9. 朱德手植人面树

地理位置：广州华南植物园

1961年朱德同志在广州华南植物园手植人面树。现树高13m，胸径0.4m。

10. 朱熹手植樟

地理位置：福建省龙溪县南溪书院

南宋朱熹种植的古樟，树龄800年，一株胸径1.1m，树高30m。另一株胸径0.8m，树高25m。

11. 王维手植银杏

地理位置：陕西省蓝田县

唐代大诗人、画家王维隐居之地，有一王维亲手栽植的银杏，树高26m，胸径2m，树龄1 200年。

12. 杨玉环手植石榴树

地理位置：陕西省临潼县华清池

唐代杨贵妃亲手种植的石榴，树高8m，胸径1.6m，树龄1 200年。

13. 六祖慧能手植柏

地理位置：河南省少林寺

六祖慧能从广东带来的树苗栽于河南少林寺。1705年立有一石碑，刻“六祖植柏，从广东至此”。现树高30m，胸径1.7m，树龄1 300年。

14. 伍建章手植银杏

地理位置：安徽省蒙城县

树高21m，胸径3.1m，冠幅直径31m，占地2亩，树龄1 400多年，是隋朝宰相伍建章种植。公元601年杨广篡位，将伍建章满门抄斩，但伍建章种植的银杏树至今还生机盎然。

15. 李白手植银杏

地理位置：陕西省略阳县青泥河乡

唐代著名大诗人李白手植银杏古树，最大1株高28m，胸径2.4m，树龄1 200年。

16. 增城挂绿荔枝树

地理位置：广东省增城市

广东省增城挂绿荔枝，蜚声中外，是荔枝家族之瑰宝。陈鼎《荔枝谱》(1780年)记述：“广州荔枝，以挂绿为第一品”。据增城县志《杂俎》记载，明万历三十六年间，有钦差巡抚到增城，一天赴荔宴，发现增城西园有棵名为挂绿的荔枝，其味异常，品之饱腹。翌年，皇帝下诏书：贡挂绿一百上京师。从此以后，挂绿荔枝便列为贡品。清朝更盛，荔熟时节，十里设驿，五里立站，快马送京。境内富家巨子排队待购，两箩谷才换1颗。日本侵华战争时，西园曾一度作为日军的军马场，挂绿荔枝被糟蹋得枝叶凋零。日军投降后4年，挂绿老树繁花竞发，大年产果15kg以上。现在，每年荔熟季节，海内外游客络绎不绝，到西园以一睹挂绿芳容为快。

17. 王阳明手植柏

地理位置：贵州省修文县阳明村

2株柏树，其胸径分别为0.8m、0.75m，树高28m，树龄500年。为明代哲学家王阳明种植。

18. 唐伯虎手植罗汉松

地理位置：江苏省苏州天平山

明代画家唐伯虎手植。树高14m，胸径0.7m，树龄约500年。

19. 孙中山手植松树

地理位置：广东省广州市

该树为孙中山先生于1912年首次大祭七十二烈士时亲手种植。当时种植4株，现仅存此株。1995年被广州市人民政府公布为古树名木。

七、古　　藤

1. 三门古藤

地理位置：浙江省三门县

根径0.6m，由10根并列株干组成，在直立1m后，旋接扭曲成椅形，这株自然界巧夺天工的太师椅，令人拍案叫绝。古藤树龄超过250年。

2. 白花鱼藤

地理位置：广州增城市小楼镇

蝶形花科，攀缘灌木。

3. 三原古藤

靖国寺藤缠杨

地理位置：陕西省三原县

陕西省三原县是唐朝护国将军李靖的家乡。李靖死后，修建了靖国寺。紫藤绕古杨树而上，藤长约20m，基围1.16m，毛白杨高27m，胸径2.1m，树龄300年。

4. 龙山古藤

地理位置：湖南省龙山县洛塔乡

古水杉高36m，胸径1.8m，树龄800年，在其主干上有2根直径40cm的南蛇藤，扭曲绕干而生，形如双龙抱柱。

5. 惠东古藤

眼镜豆古藤

地理位置：广东省惠东县大岭镇

藤茎粗2.16m，总长超过1 000m，古藤树龄100余年。

八、树木奇景

1. 比利时布拉斑特的松树林

2. 玉龙雪山森林

3. 柴河火山口森林

4. 阿尔山天池森林

5. 西双版纳原始森林

6. 西双版纳原始林中天桥

7. 丽江森林

丽江圆柏古群落

地理位置：云南省丽江大研镇

有160多株古柏群落，普通树高18m以上，胸径1.6m，树龄600多年。

8. 老挝原始森林

9. 亚马逊河雨林

亚马逊雨林(南美洲)面积达368万km^2，是全球30%的动植物的家园。

10. 南美洲潮沼森林

11. 马达加斯加森林

12. 非洲森林
南非猴面包树

13. 古树冬景

14. 针毛树
地理位置：澳大利亚

澳大利亚荒漠地生长。枝干长满针毛叶，以适应当地干旱恶劣的环境。

15. 黑龙江省三江湿地森林景观

16. 古树之路

17．诗情画意

18．吉林省玛珥湖火山口森林

19．新会小鸟天堂

地理位置：广东省江门市新会区

一个绿色小岛，小叶榕高15m，枝柯交织，浓荫蔽日，树冠达1.2hm²，独木成林，引来成千上万种飞鸟栖息其间。传说1450年一位农民栽下一株榕树，形成现今树岛。

20．黄栌

21．巴西亚马逊河的古树

22. 榆树

23. 胡杨

24. 美国红枫

25. 白桦

26. 欧洲落羽杉秋色

欧洲红栎行道树

27. 欧洲红栎
红栎秋季景色

28. 蓝果树(紫树)秋天景色

29. 美洲巨杉

美洲巨杉雪景

30. 印度尼西亚巴厘岛古榕树

31. 印度尼西亚巴厘岛森林

32. 新疆伊犁杨树林

33. 瑞士湖岛森林

34. 新西兰海岸林

35. 印度尼西亚巴厘岛海岸林

36．澳大利亚荒漠地带的树木群落

37．内蒙古森林秋色景观

38．白桦风采(秋天)

39. 树木雪景

40. 黑龙江省漠河秋季森林景观

41. 白桦风采(冬天)

42. 中东海枣林景观

43. 泰国皇宫中的球形树

44. 湿地落羽杉林景观

45. 法国圆柱状造型树干梧桐树

46. 德国的公路绿化树

47. 意大利的行道树林

48. 巴西的原始森林

49. 德国的森林

九、树根奇观

1．广州榕树气根

地理位置：广州越秀公园

2．盈江榕树根

盈江榕树王

地理位置：云南省盈江铜壁关自然保护区内

高山榕，高40m，冠幅7.18m×6.89m，覆盖面积3 689m²，核心树干直径2.15m，0.5~1m直径的支柱，根114条，成为气象万千的“独木成林”景观。

3. 扶绥榕树根

广西扶绥古榕

地理位置：广西壮族自治区扶绥县中东镇

黄葛榕。高38m，气根60多条，长成树干，最大的主干胸径2.35m，树龄1 000多年，树冠覆盖面积达3 944m²，独树成林。

4. 保山榕树根

保山巨榕

地理位置：云南省保山市

树高28m，胸径9.07m，树冠覆盖面积1 677m²，称亚洲第一巨树。树龄700年。

5. 化州榕树根

化州古榕

地理位置：广东省化州市平定镇

高山榕古树。树龄1 500多年，母树已腐朽，其21条气根落地生成树干，树冠覆盖面积2 400m²，占地约0.3hm²，一树成林。树高34m，最大气根直径2.6m。

6. 加里曼丹古树板根

加里曼丹(婆罗洲)热带雨林古树板根

7. 腾冲榕树根

云南腾冲古榕树树根亭垦

8. 人面树板根

9. 榕树根

10. 曼谷榕树根

11. 柬埔寨金边榕树根

12. 柬埔寨吴哥榕树

13. 印度新德里榕树根

14. 缅甸仰光人面树板根

缅甸仰光市人面古树板根。人面树旁1株谷木（野牡丹科）被板根包覆。

15. 柬埔寨吴哥榕树根

16. 老挝榕树根

17. 云南西双版纳榕树根

独木成林高山榕

地理位置：云南省勐海景打洛镇

高山榕，树龄200年，树高28m。

18. 菲律宾苏碧湾榕树根

19. 缅甸仰光榕树根

20．广州榕树板根
地理位置：广州越秀公园

21．沙捞越森林中的树根
地理位置：沙捞越加汀山
热带雨林中的树根奇观。

22．勐猎原始森林
地理位置：云南省西双版纳
独树成林。

23. 桦树白树根
地理位置：法国巴黎

24. 惠东榕树根
榕树碑
地理位置：广东省惠州市东平海镇

25. 连生根
地理位置：湖北省神农架

26. 红树根
地理位置：巴西亚马逊河

27. 卧生根
地理位置：云南省西双版纳

28. 丛生树根
地理位置：印度尼西亚爪哇岛

29. 条形树根
地理位置：越南胡志明市

十、祈福树

1. 香港天后庙许愿树

地理位置：香港天后庙

树高15m，主干胸径1.7m，树龄150多年。每年春节，善男信女们在天后庙祈福许愿后，将神符系上红结，抛上许愿树祈求保佑。

2. 泰国曼谷许愿树

3. 佛教圣树——菩提树

地理位置：印度那烂陀寺

当年佛祖在这棵菩提树下悟道成佛。

十一、枯　　木

1. 泰国桂河中的不朽枯木

2. 柬埔寨吴哥博物馆枯木

3. 埃及金字塔附近的枯木

4. 海底古森林遗迹
地理位置：福建省晋江市深沪湾华峰村

5. 南昆山枯木
地理位置：广东省龙门县

十二、古化石树

江苏太湖西山古木化石

江苏太湖西山古木化石

1. 巨型古木

广东省电白县黄岭镇下中段村村民从小河涌中挖出巨型古木。此木十分坚硬，并有樟树特殊香味。此木粗达5m，数人围抱不能合拢。

据村民称，约20年前，因河水的冲刷，古木露出尾端。人们锯之砍之，皆因木质太硬而作罢。后来用挖掘机将泥土挖开，才让古木重见天日。因古木太重，村民仍无法将其弄到岸上。

江苏六合县

浙江新昌县

深圳古木化石公园

2. 硅化木

地理位置：新疆准噶尔盆地

十三、书画作品

梅花古树　著名画家南岭梅作

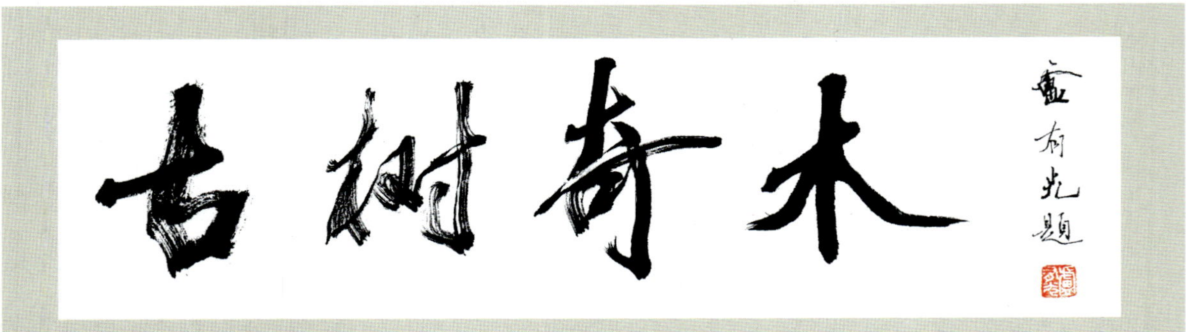

著名书法家卢有光题

古梅树　著名画家张福铭作品

著名书画家周宝麟题

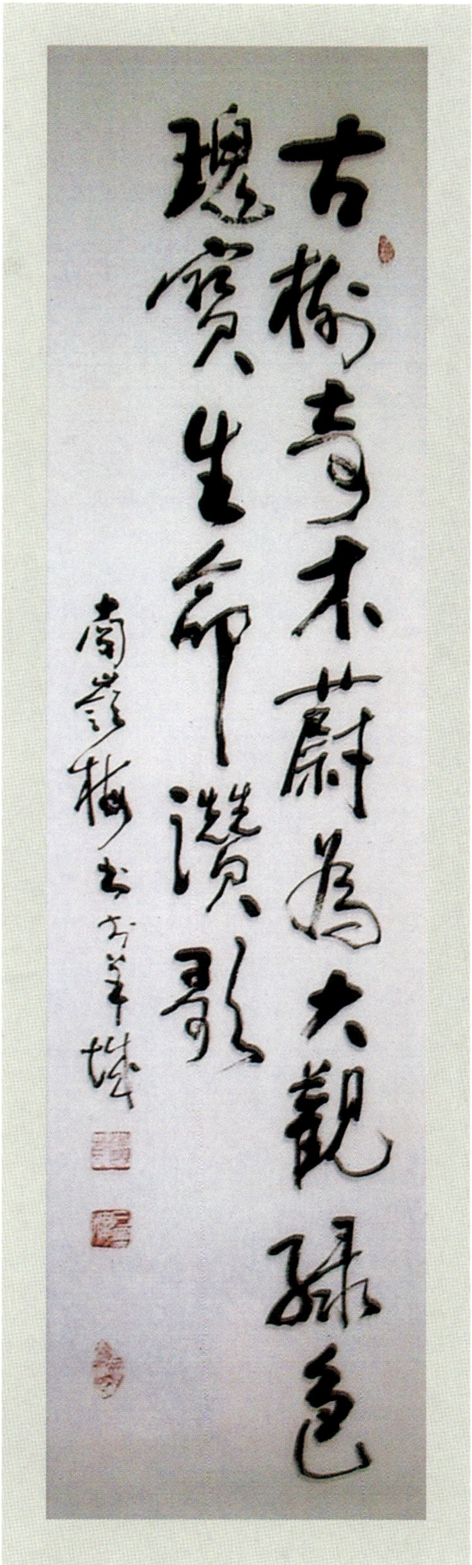

著名书画家南岭梅题

著名书画家勇满然题

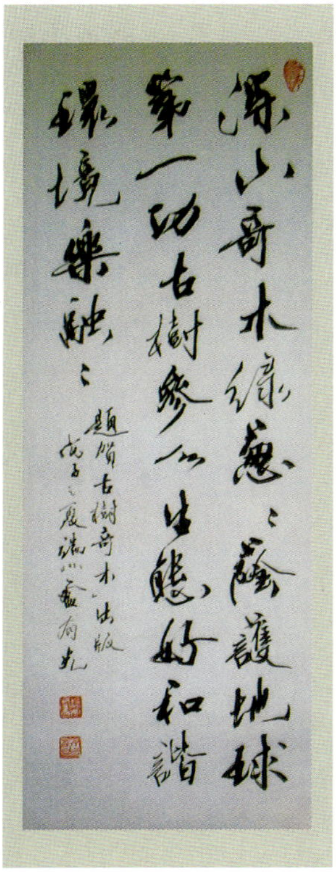

著名书法家卢有光题

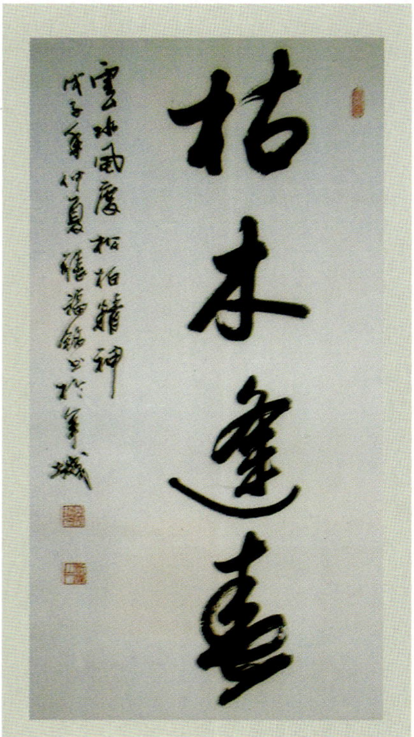

著名画家张福铭题

著名书画家周宝麟题

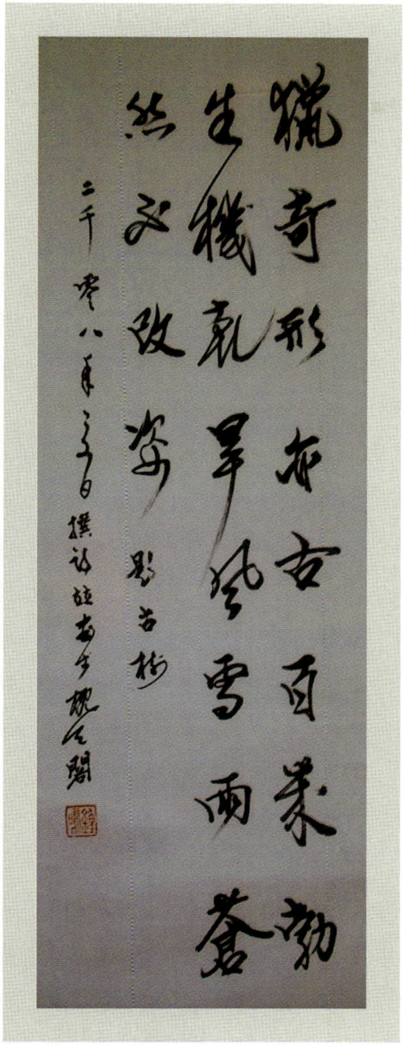

著名书法家钟鸣题

著名画家梁桂才作

著名书画家钟鸣作

著名书法家陈冠雄题

美国著名画家陆荣恩作

澳门著名书画家王煜题

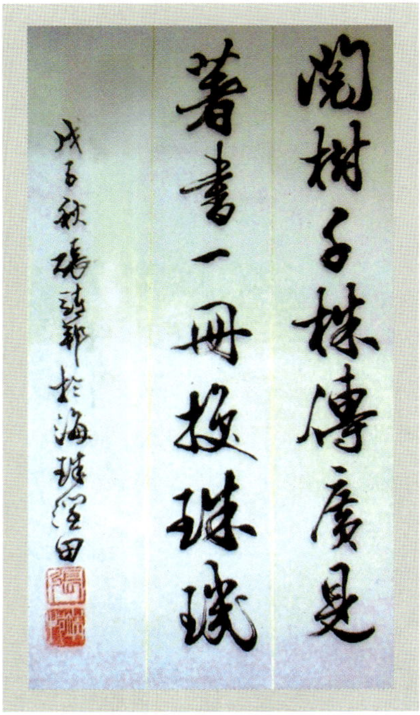

著名书法家张靖邦题

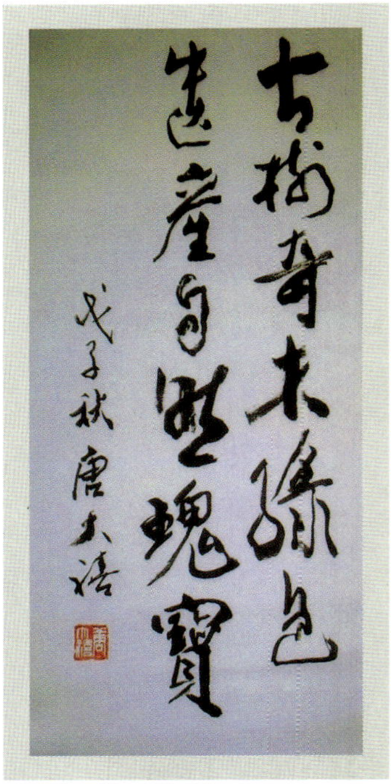

著名画家、雕塑家唐大禧题

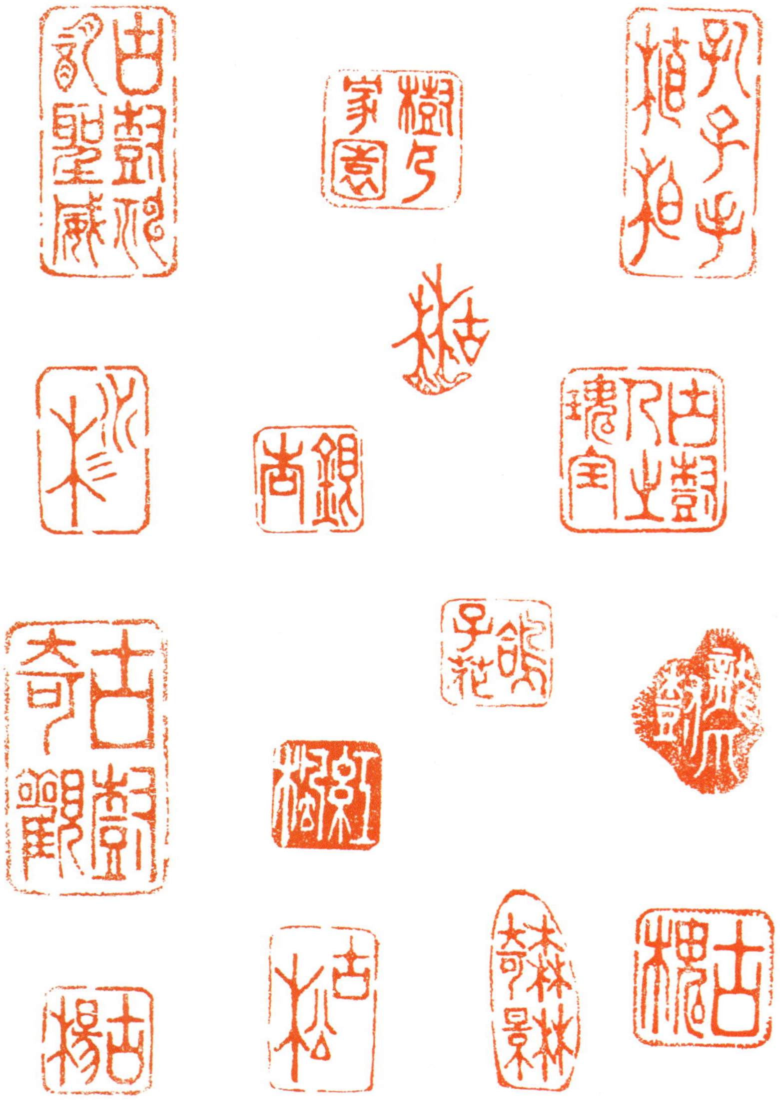

著名书法篆刻家杜宝善作

古树大观

缘树

古木奇树

参天古树发新芽

广州美术家杨剑庆作

鸣谢

韶关市宏聚园林有限公司

韶关市宏聚园林有限公司具有城市园林绿化三级资质。拥有园林及建筑高、中级工程技术力量为20多人的团队。有一支从事园林设计、园林施工、园林养护管理的专业队伍。本公司植雯萍、廖国平两人参与了《古树奇木》的编写工作。

公司以美化城市、优化环境为己任，以建造园林生态城市为宗旨，精心设计、精心施工，勤于管理，全心全意为广大客户服务。

地址：韶关市武江区华泰花园2806号　邮编：512023
电话：0751-8636609　0751-8638209　传真：0751-8750669　网址：http://hongjuyuanlin@163.com

广州市绿美景园林工程有限公司

Green Magic Garden.CO.,LTD Guangzhou

广州市绿美景园林工程有限公司具有城市园林绿化三级企业资质和丙级造林资质，是市绿化协会和广州国际湿地生态保护与建设联合会的会员单位。本公司专业技术团队以著名生态植物专家陈策先生为首，由高级园林工程师、林业工程师、环保工程师、建筑工程师等组成；企业通过ISO9001认证，连续三年被评为“守合同，重信用企业”，是一家集景观设计、工程施工、绿化保养、苗木产销及林业观光于一体的绿色企业。

公司拥有苗圃13.4hm^2，引进世界名树名花数百个品种，累计完成省内外工程项目100多个，包括：广东省委大院、中共三大会址纪念馆、唐大禧雕塑园、广东省舞蹈学校、天逸名都、锦绣香江、翡翠绿洲、从化高尔夫别墅花园、十甫假日酒店等园林景观工程的设计及施工。

我们将一如既往以“开拓创新”的专业精神、“为客户创造价值”的服务宗旨，汇同社会各界，为创建和谐美好的世界而努力！

地址：广州市芳村浣花路浣南东街42号306A室　邮箱：lmjgarden@163.com　苗圃地址：广州市白云大道陈田村路段
电话：020-33052283　传真：020-81503063　网址：http://www.gmgarden.com　电话：13903003832　13600083960

广州市怡通物业管理有限公司

GUANGZHOU YITONG ESTATE MANAGEMENT CO., LTD.

美籍华人李绍材先生，一向热心家乡建设、环境保护和慈善公益事业。1993年回乡捐资兴建广州石井马岗幼儿园及2.8万m^{2}怡通服装商务城，组建广州市怡通物业管理有限公司，任董事长兼总经理，并计划筹资兴建应用环保减碳技术的养老院。为支持保护湿地，热情资助广州国际湿地生态保护与建设联合会，支持出版《古树奇木》。

地址：广州市白云区石井街107国道马岗西大街12号
电话：020-61107666　61107668　传真：020-61167999　邮编：510430

感谢陈略、曹磊、苏名久先生对本书出版的大力支持！